Zinn, Gips und Stahl

vom

physikalisch-chemischen Standpunkt.

———

VORTRAG

gehalten im

Verein der Deutschen Ingenieure zu Berlin

von

Professor Dr. J. H. van 't Hoff.

München und **Berlin.**

Druck und Verlag von R. Oldenbourg.

1901.

Meine Herren! Ihre freundliche und ehrende Aufforderung habe ich gern angenommen, nicht nur weil ich als Ingenieur Ihrem Vereine etwas nahe stehe, sondern auch, weil ich meine, daſs die physikalische Chemie, der ich einen Teil meiner Kräfte gewidmet habe, in der letzten Zeit zu Resultaten gelangt ist, die vielleicht auch für den Ingenieur, für den Techniker Interesse haben. Aber anderseits scheint mir auch, daſs es gerade für uns physikalische Chemiker erwünscht ist, mit den Männern der Anwendung in Berührung zu kommen und dadurch unsere Anschauungen und Ansichten geprüft zu sehen.

Ich fange damit an, dasjenige mit einigen Worten zu umschreiben, was das Bestreben der physikalischen Chemie in den letzten Jahren charakterisiert. Es besteht wesentlich darin, daſs die Chemie Anschluſs an die Physik sucht, daſs besonders versucht wird, die chemischen Umwandlungserscheinungen auf physikalische Umwandlungserscheinungen

1*

zurückzuführen, speciell einen Kontakt zu finden mit den
gegenseitigen Verwandlungen der verschiedenen Aggre-
gatzustände von fest in flüssig, flüssig in dampfförmig u. s. w., um dann, nachdem dieser Anschluſs
erreicht ist, die einfachen physikalischen Gesetze, die
diese Erscheinungen beherrschen, auch auf die viel
komplizierteren chemischen Verhältnisse fruchtbar
übertragen zu können.

Das Thema, das ich gewählt habe, bietet nun
gerade geeignete Beispiele, an denen sich zeigen läſst,
wie auch auf chemischem Gebiete Erscheinungen auftreten, die mit der physikalischen Schmelzung und
mit dem physikalischen Erstarren die gröſste Analogie
zeigen, und worauf sich sogar bis ins Einzelnste die
quantitativen Gesetze der entsprechenden physikalischen Verwandlungen anwenden lassen, wie die Besprechung des Zinns zeigen wird. In zweiter Linie
aber gibt es auch auf chemischem Gebiete Erscheinungen, die der Verdampfung fast gleichberechtigt an
die Seite zu stellen sind und deren Gesetzen ge-
horchen, wie sich beim Gips zeigen wird.

Bei dieser weitgehenden Übereinstimmung zeichnet
sich aber — um dies zu zeigen, wird die Behandlung
des Stahls Gelegenheit bieten — die chemische Erscheinung durch ihre dadurch veranlaſste Verwicke-
lung aus, dass der Formenreichtum ein viel gröſserer
ist. Während man es bei den physikalischen Erscheinungen höchstens mit drei Zuständen, fest,

flüssig und dampfförmig zu thun hat, hat man bei den chemischen Erscheinungen vier, fünf, sechs und mehr verschiedene Zustände, die einer in den andern übergehen können, und dann kommt noch eins hinzu: während die physikalischen Verwandlungen, z. B. von fest in flüssig, meistens leicht und schnell stattfinden, so daſs z. B. das Eis oberhalb 0⁰ nicht während einer faſsbaren Zeit existiert, zeigen die entsprechenden chemischen Erscheinungen Verzögerungen derart, daſs öfters dasjenige, was stattfinden soll, unter Umständen ganz und gar ausbleibt. Auch dies wird sich gerade bei den Erscheinungen am Stahl zeigen.

---

1. Das Zinn in seinen zwei Modifikationen, das gewöhnliche und das graue Zinn.

Ich werde mit dem Zinn anfangen. Das Wesentliche, worauf ich hier Ihre Aufmerksamkeit lenken möchte, ist eine Ihnen vielleicht schon bekannte Erscheinung, die das Zinn zeigt, die aber erst in der letzten Zeit als Analogon des Schmelzens und der Erstarrung auf physikalischem Gebiete erkannt worden ist, wodurch diese ganze Erscheinung ein neues wissenschaftliches Interesse bekommen hat und anderseits sich mit einer unerwarteten Leichtigkeit übersehen läſst.

Die historischen Forschungsresultate über diese schon seit langem bekannte Erscheinung, die vom

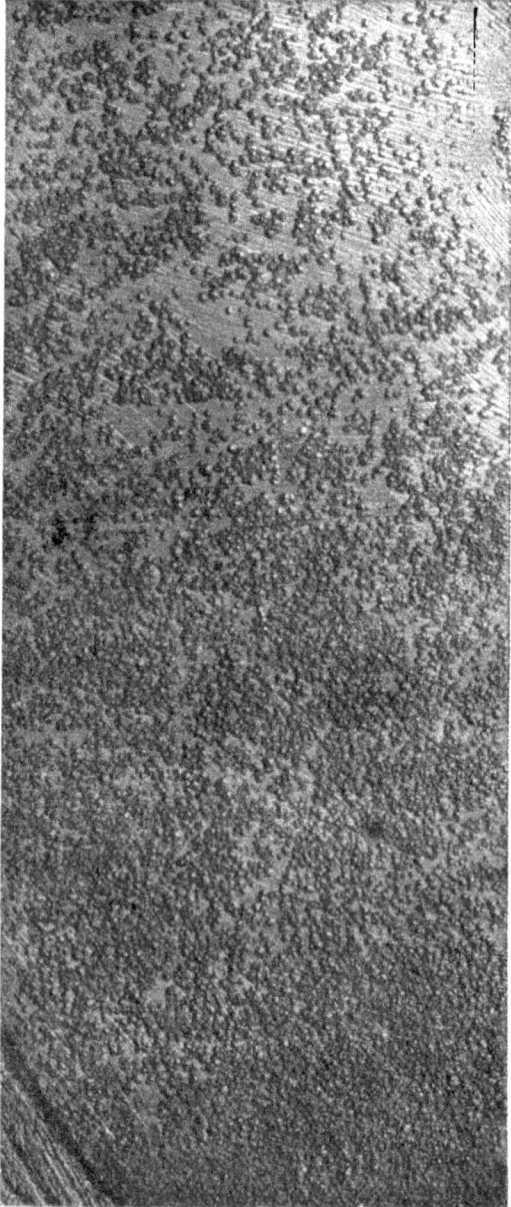

Fig. 1.

neuen Standpunkte aus durch die Herren Cohen[1]) und Schaum[2]) untersucht wurde, haben gezeigt, dafs die Verwandlung des Zinns unter gewissen Umständen schon dem Aristoteles bekannt war. Im Laufe des vorigen Jahrhunderts, etwa in den Fünfziger Jahren, ist dann diese Erscheinung wieder entdeckt oder vielmehr untersucht worden von Erdmann und anderen, wobei sich die Thatsache herausstellte, dafs die Verwandlung besonders bei starker Winterkälte auftritt. Ich möchte zunächst eine von Dr. Cohen herrührende Photographie eines solchen in der Verwandlung begriffenen Stückes Zinn Ihnen vorzeigen (Fig. 1). Dieses Anfangs vollkommen metallische Stück Zinn sieht aus, als ob es von einer Krankheit befallen sei, und thatsächlich ist erwiesen, dafs es sich hier um etwas handelt, was mit einer Krankheit insoweit verglichen werden kann, als eine thatsächliche Ansteckung vorliegt, die zum völligen Zerfall des Zinns führt, und so wurde dieser Erscheinung von Dr. Cohen der Name Zinnpest beigelegt. In der Figur zeigen sich lokal kleine runde Stellen in der Verwandlung begriffen. Ein zweites Präparat, das ich Ihnen hier im Bilde vorführe (Fig. 2), zeigt Ihnen, wie die Verwandlung weiter fortgeschritten ist und schon ziemlich starke Verwüstungen auftreten. Es handelt sich um

---

[1]) Cohen und van Eijk, Zeitschr. f. physik. Chemie 30, 601; Cohen, ibid. 33, 57; 35, 588.

[2]) Lieb. Ann. 308, 18.

ein Stück einer Orgelpfeife, die an drei Stellen angegriffen worden war; die Verwandlung hat sich vom
Zentrum aus in gleicher Entfernung ringsherum aus-
gedehnt, und wir sehen, wie an drei Stellen die ganze
Rohrwand durchbohrt ist. So gelingt es thatsächlich
gröfsere Stücke Zinn, zumal die bekannten Blöcke, in
kurzer Zeit vollständig zum Zerfall zu bringen.

Ich möchte nun kurz angeben, worin diese Verwandlung besteht, und weshalb sie sich als ein Analogon der physikalischen Schmelzung und Erstarrung

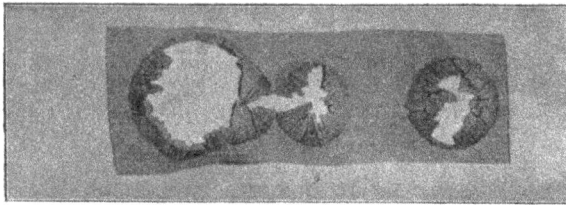

Fig. 2.

darstellt. Die Verwandlung besteht nicht darin, dafs
das Zinn etwa von Feuchtigkeit oder Sauerstoff der
Atmosphäre angegriffen wird, wie es anfangs scheinen
könnte; sondern wir haben es hier mit einer Modifikation des Zinns zu thun, die von dem gewöhnlichen
Zinn sich scharf dadurch unterscheidet, dafs sie
weniger metallisch aussieht; sie ist grau und man
spricht deshalb auch von grauem Zinn. Physi-
kalisch ist wohl die Hauptdifferenz zwischen diesen
beiden Zinnarten das specifische Gewicht, welches
beim gewöhnlichen Zinn 7,3, beim umgewandelten

nur 5,8 beträgt; es ergibt sich also eine Verminderung des specifischen Gewichtes um nicht weniger als 20 %, und dem entspricht die Thatsache, welche sich auch auf dem ersten Bilde zeigte, daſs diese umgewandelte Masse wie eine Hebung auf der ursprünglichen Oberfläche sich entwickelt.

Das für meinen Zweck Wichtige besteht nun darin, daſs diese Erscheinung an die physikalische Verwandlung des Schmelzens und Erstarrens sich dadurch anlehnt, daſs sie an eine bestimmte Temperaturgrenze gebunden ist, und daſs genau, wie es bei der Verwandlung von Eis in Wasser oder von Wasser in Eis der Fall ist, welche bei einer Temperatur von 0^0 stattfindet, es sich hier um eine Temperaturgrenze handelt, die bei 20^0 zu suchen ist; in der Weise, daſs oberhalb 20^0 C. das gewöhnliche Zinn, unterhalb 20^0 das graue Zinn dem stabilen Zustande entspricht. Beide gegenseitige Verwandlungen lassen sich dementsprechend durch ein ähnliches Symbol wiedergeben, und zwar für die physikalische Verwandlung des Schmelzens durch

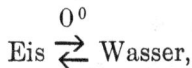

$$\text{Eis} \underset{}{\overset{0^0}{\rightleftarrows}} \text{Wasser},$$

welches ausdrückt, daſs je nachdem man oberhalb oder unterhalb 0^0 ist, die Verwandlung in einem oder anderm Sinne vor sich geht. Die Modifikationsänderung beim Zinn kommt demnach durch

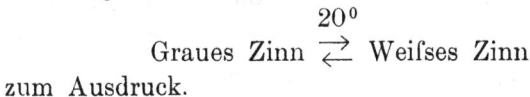

$$\text{Graues Zinn} \underset{}{\overset{20^0}{\rightleftarrows}} \text{Weiſses Zinn}$$

zum Ausdruck.

2

Wesentlich aber — und darin zeigt sich der Unterschied — ist, daſs bei der physikalischen Verwandlung des Wassers dasjenige, was sich bilden muſs, sich auch bildet, während hier beim Zinn gerade diese Bildung öfters längere Zeit ausbleibt, und so ist die Bestimmung dieser Temperatur von 20⁰, wiewohl es sich hier im Grund um etwas wie eine Schmelzpunktbestimmung handelt, eine sehr schwierige.

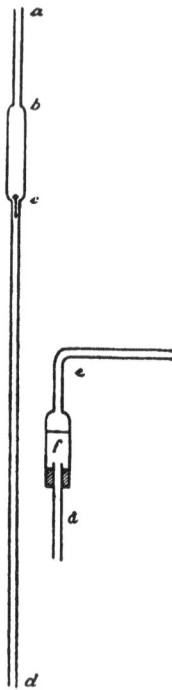

Ich möchte deshalb die zwei Methoden darlegen, welche in diesem Fall zum Ziele geführt haben. Während bei der einfachen Schmelzung das Thermometer die Verwandlung dadurch anzeigt, daſs es bei dem betreffenden Punkte beim Erwärmen, sowie beim Abkühlen durch das Schmelzen resp. Gefrieren stehen bleibt, findet beim Zinn etwas derartiges durchaus nicht statt. Das gewöhnliche Zinn bleibt bekanntlich abgekühlt längere Zeit unverändert, und es bleibt auch die graue Modifikation oberhalb des Verwandlungspunktes als solche beständig, so daſs dem Versuche, unter günstigen Umständen, eine längere Zeit gewidmet werden muſs, um das Vorhandensein dieser Grenze zu finden.

Fig. 3.

Von den beiden vorzuführenden Methoden ist die
erste sehr einfach; dieselbe ist die sogenannte dilatome-
trische Methode, wobei die Verwandlung sich dadurch
zu erkennen gibt, dafs bei dem Übergange von dem gewöhnlichen Zinn in das graue Zinn eine starke Ausdehnung stattfindet und umgekehrt eine Kontraktion.
Man bringt das Zinn in ein Dilatometer, wie es die
Fig. 3 zeigt. In dem etwas gröfseren Gefäfs $b\,c$, das wie
das geöffnete Reservoir eines Thermometers aussieht,
wird zur Füllung das Zinn von oben eingebracht,
eine kleine Glaskugel bei c schliefst die am Reservoir befindliche Kapillare $c\,d$ ab, und das Reservoir wird nach
der Füllung zwischen a und b zugeschmolzen. In die
Kapillare wird sodann irgend eine Füllflüssigkeit hinein-
gebracht, damit man die Ausdehnung beobachten kann;
dazu wird das Dilatometer evakuiert vermittelst eines
mit der Luftpumpe verbundenen Ansatzes e und dann
die in f befindliche Füllflüssigkeit eingelassen; dieselbe
wird bis zu einer gewissen Höhe weggenommen und das
Dilatometer ist zur Beobachtung geeignet, nachdem an
der Kapillare eine Millimeterskala angebracht ist.

In dieser Weise arbeitend, ist zunächst von einer
Ausdehnung bei 20^0 nichts zu sehen, weil die Verzögerung sich derartig geltend macht, dafs weder
oberhalb noch unterhalb eine Verwandlung stattfindet.
Man mufs diese Verwandlung noch anregen. Dafür
gibt es im wesentlichen zwei Hilfsmittel. Das eine
ist die Berührung mit der andern Modifikation; man

fügt also zu dem gewöhnlichen Zinn im Dilatometer
— oder besser, man mischt damit — etwas graues
Zinn. Zweitens ist es für die Umwandlung äufserst
vorteilhaft, wenn man eine Flüssigkeit zusetzt, die
Zinn aufzunehmen vermag, und dazu wurde von
Cohen eine Lösung von Pinksalz (Zinnammonium-
chlorid) verwendet. Arbeitet man
in dieser Weise, so sieht man bei
20⁰ oder oberhalb 20⁰ eine sehr
auffallende, lang anhaltende Kontraktion, während unterhalb 20⁰
sich das Entgegengesetzte zeigt.

Dennoch — und deshalb
möchte ich die zweite Methode
noch erwähnen — sind diese Versuche äufserst zeitraubend, und so
war es eine bedeutende Verein-
fachung und Erleichterung der Ar-
beit, als sich zeigte, dafs man
auf elektrischem Wege dasselbe
erzielen kann, indem man sich ein sogenanntes Umwandlungselement konstruiert, durch dessen Strom
oder elektromotorische Kraft sich in der Nähe von 20⁰
die Verwandlung in der einfachsten Weise und in
kurzer Zeit zeigt.

Dieses Umwandlungselement ist in der Figur 4
abgebildet. Dessen Konstruktion ist sehr einfach: Das
Element besteht aus zwei cylindrischen Glasgefäfsen

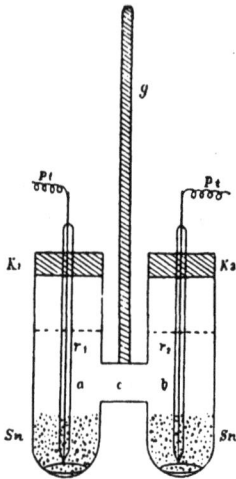

Fig. 4.

a und *b* die bei *c* miteinander in Verbindung stehen. In das eine Gefäfs wird das gewöhnliche Zinn gebracht, das graue Zinn in das andere, also ohne gegenseitige Berührung, und als Füllflüssigkeit wird ein geeigneter Elektrolyt benutzt. Am besten bewährt sich auch hier eine Pinksalzlösung. Nunmehr besteht von Zinn zu Zinn elektrolytischer Kontakt, und bei der metallischen Verbindung beider Modifikationen vermittelst eines Platindrahtes entwickelt sich ein Strom. Die Verwandlung findet in der Weise statt, dafs einerseits das graue Zinn anwächst, anderseits das gewöhnliche Zinn aufgezehrt wird oder umgekehrt, welche Verschiebung durch Bewegung der Zinnionen in der Lösung vermittelt wird. Damit man bis auf Zehntelgrad die Temperatur beobachten kann, um welche es sich handelt, ist das Element in einem Thermostaten aufgestellt. Bei 20° bleibt die Verwandlung aus, die zwei Modifikationen sind miteinander im Gleichgewicht und es entwickelt sich kein Strom, während oberhalb 20° der Strom in der einen Richtung und unterhalb 20° in umgekehrtem Sinne sich bewegt.

In der Figur 5 ist das Resultat einer derartigen Beobachtung vorgeführt. Es handelt sich hier allerdings nicht um Zinn, sondern um eine ähnliche Verwandlung beim Glaubersalz, was aber unwesentlich ist, denn man kann ein derartiges Element für analoge Verwandlungen unter geeigneter Abänderung benutzen. In der Figur sind die elektromotorischen

Kräfte *A* und die Temperaturen *T* angegeben. Die graphische Darstellung zeigt die Umkehrung des Stroms oder den Polwechsel bei einer Temperatur von 32,8°, weil es sich hier eben um die Verwandlung eines anderen Körpers handelt. Bei höheren Temperaturen findet ein Abfall statt durch die totale Verwandlung des nicht stabilen Systems in das andere.

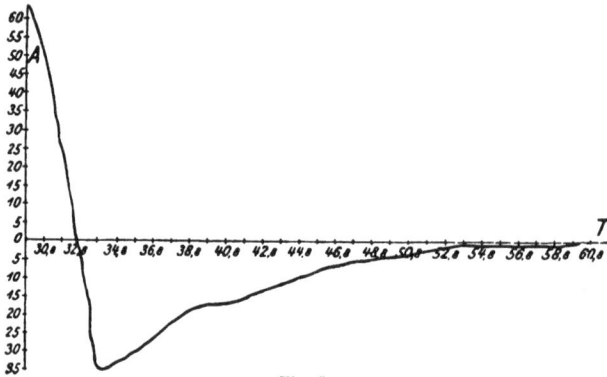

Fig. 6.

Ein entsprechendes Diagramm für die Verwandlung des Zinns würde diesen Punkt bei 20° zeigen. Der Strom würde beim Überschreiten dieser Temperatur seine Richtung ändern und bei derselben verschwinden. Das Wesentliche hierbei ist das steile Abfallen der Linie, welche der Stromänderung mit der Temperatur entspricht, was uns die Temperatur sehr scharf zu beobachten erlaubt, bei welcher Polwechsel eintritt.

Ich möchte, bei dem Zinn verweilend, nur noch hinzufügen, daß die Gesetze für die physikalische

Schmelzung und die physikalische Erstarrung sich
nicht nur geltend machen dadurch, daſs eine bestimmte Temperatur vorliegt, welche die Stabilität
der beiden Formen abgrenzt, sondern daſs auch diese
Temperatur des Übergangs von dem einen Zustande
in den andern unter dem Einflusse von Druck sich
verschiebt, ganz wie bei der physikalischen Verwandlung des Schmelzens und Erstarrens. Beim
Zinn ist diese Beziehung allerdings noch nicht geprüft worden, wohl aber z. B. beim Schwefel, welcher
bei etwa 96° eine ähnliche Verwandlung zeigt. Diese
Temperatur verschiebt sich unter dem Einflusse von
Druck nach der bekannten thermo-dynamischen
Gleichung:

$$A \cdot v \cdot d\,p = q\,\frac{d\,T}{T}$$

worin A das Arbeitsäquivalent ($^1/_{425}$), v die Volumen-
zunahme in mr^3 bei der, beim Temperaturanstieg
erfolgenden, Verwandlung etwa eines Kilogramms,
$d\,p$ die Änderung des Druckes in kg pro mr^2,
T die Umwandlungstemperatur in absoluter Skala
und q die Wärme in Kalorien bedeutet, die bei der
betreffenden Verwandlung pro kg. verschluckt wird.
Beim Schwefel ergibt diese Formel sowie auch der
Versuch für 1 Atmosphäre Druckzunahme eine Er-
höhung der Umwandlungstemperatur um $^5/_{100}$°. Vom
Zinn kann man von vornherein nur sagen, daſs,
da die Umwandlung bei erhöhter Temperatur von

Kontraktion begleitet ist, wie beim Schmelzen des Eises, der Druck die betreffende Temperatur nicht erhöhen, sondern erniedrigen wird.

II. Der Gips in seinen Verwandlungen; Gipskochen, Gipshärten und Kesselstein.[1])

Ich möchte nun zum Gips übergehen. Hatte man es beim Zinn mit einem einfachen Körper, mit einem Elemente zu thun, so handelt es sich beim Gips um eine Verbindung von Calciumsulfat mit Wasser: $Ca\,SO_4 + 2\,H_2O$. Die Erscheinungen, die hier auftreten, sind dementsprechend weniger einfach als beim Zinn, weil jetzt die Möglichkeit einer Wasserabspaltung, eines direkten chemischen Zerfalles, gegeben ist, beim Zinn dagegen nur eine Modifikationsänderung. Dennoch hat sich gezeigt, daſs in ganz ähnlicher Weise und nach denselben Gesetzen der Gips sich verwandelt, wie man auch an einer sehr starken Ausdehnung bezw. Kontraktion im Dilatometer erkennen kann. Die Temperaturgrenze liegt hier bei 107° in der Weise, daſs oberhalb 107°, falls unter etwas gröſserem als Atmosphärendruck, also in einem oben abgeschmolzenen Dilatometer gearbeitet wird, sich eine Verwandlung bemerkbar macht, wobei der Gips von

---

[1]) Nach Versuchen von van't Hoff und Armstrong, Sitzungsberichte der Königl. preuſs. Akad. 1900, 559.

seinen zwei Molekülen Wasser nicht alles verliert, sondern ein halbes Molekül behält, während $1\frac{1}{2}$ Moleküle frei werden nach dem Symbol:

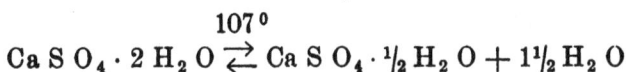

$$Ca\,S\,O_4 \cdot 2\,H_2\,O \overset{107^0}{\rightleftarrows} Ca\,S\,O_4 \cdot \tfrac{1}{2}\,H_2\,O + 1\tfrac{1}{2}\,H_2\,O$$

Indem das Wasser bei dieser Temperatur von 107^0 schon einen Druck ausübt, welcher über 1 Atmosphäre liegt (970 mm) vollzieht sich die Umwandlung unter Bildung von flüssigem Wasser offenbar erst bei etwas mehr als Atmosphärendruck. Aber dann zeigt sich die Verwandlung vollständig und scharf nach rechts oberhalb und nach links unterhalb 107^0. Diese Erscheinung hat mit dem physikalischen Schmelzen sogar mehr Ähnlichkeit als die entsprechende Verwandlung beim Zinn, weil durch das Auftreten des flüssigen Wassers — $\frac{3}{4}$ des Wassers wird frei — eine thatsächliche teilweise Verflüssigung stattfindet. Der ursprünglich vollkommen trockene resp. harte Gips verwandelt sich dabei in einen ziemlich dünnflüssigen Brei, der umgekehrt wieder unterhalb 107^0 erstarrt.

Was ich nun aber speciell betonen möchte, ist, daſs beim Gips eine zweite Erscheinung sich anschlieſst, welche sich in vieler Hinsicht mit der physikalischen Verdampfung vergleichen läſst. Wenn man Gips im luftleeren Raume bei einer gegebenen Temperatur sich überläſst, so verliert derselbe einen Teil seines Wassers als Dampf, und was nun die

3

Ähnlichkeit dieses Vorganges mit der Verdampfung charakterisiert, ist, dafs diese, die auf chemischen Zerfall zurückzuführen ist, ganz wie die physikalische Verdampfung, an eine bestimmte Maximaltension für jede Temperatur gebunden ist. Diese Maximaltension läfst sich leicht in einem Tensimeter, in Figur 6 abgebildet, bestimmen und in ihrer Änderung mit der Temperatur verfolgen. In einer der beiden Glaskugeln d befindet sich der Gips, in der anderen e irgend eine hygroskopische Substanz, z. B. Schwefelsäure, beide getrennt durch eine Flüssigkeit, etwa Quecksilber im U-Rohr c und dahinter eine Skala, damit die Druckdifferenz abgelesen werden kann. Dann ist zur Beobachtung nur noch notwendig, dafs man, nachdem an zwei Stellen der Apparat vor der Lampe abgeschmolzen wurde, das Tensimeter durch ein drittes Rohrstück evakuiert und ebenfalls abschmilzt. Als

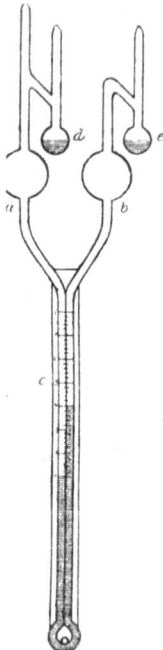

Fig. 6.

Flüssigkeit dient bei Messung kleiner Tensionen am besten ein Paraffinöl von bekanntem specifischen Gewicht. Schliefslich ist es erforderlich, dafs man den Apparat bei konstanter Temperatur genügend lange erwärmt, denn hier zeigt sich auch in hohem Grade die für chemische Verwandlungen charak-

teristische Verzögerung: Die Maximaltension wird
mitunter erst nach 2—3 Monaten erreicht, welche
Zeit sich allerdings durch geeignete Kunstgriffe, zumal
durch Benetzung mit einer passend gewählten Salzlösung
abkürzen läfst. Zu dem langen Erhitzen dient das
Herwig'sche Wasserbad mit den Ostwald'schen Rühr-
und Regulatorvorrichtungen.

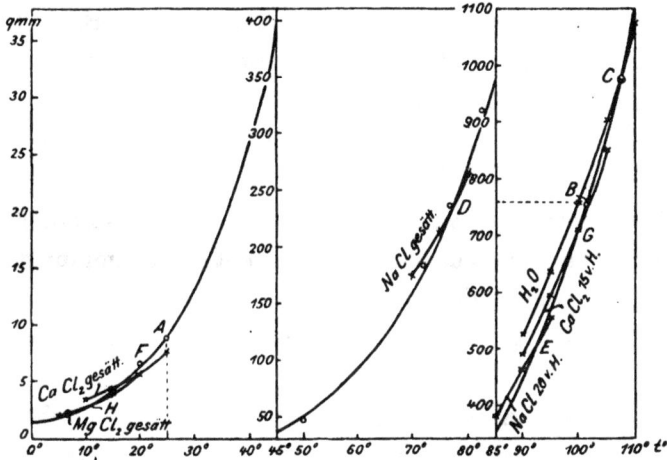

Fig. 7.

Falls von Temperatur zu Temperatur gearbeitet
wird, bekommt man in die Veränderungen der Tension
einen Einblick, den die Figur 7 zeigt. Es handelt sich
hier um eine Kurve, welche bei 0^0 anfangend, wie die
Tensionskurve von Wasserdampf in allmählich stär-
kerem Grade ansteigt. Sie erreicht bei 45^0 die obere
Grenze der Zeichnung, und deshalb ist hier die Verti-
kaldimension auf $1/_{10}$ verkleinert. An der Hand dieser

3*

Figur seien kurz ein paar Erläuterungen gegeben. In
erster Linie sei betont, daſs die Übereinstimmung mit
der Verdampfungserscheinung nicht nur darin besteht,
daſs bei bestimmter Temperatur eine bestimmte
Maximaltension erreicht wird, sondern auch darin,
daſs man die thermodynamische Formel, die die
Änderung der Tension mit der Temperatur bei der gewöhnlichen physikalischen Verdampfung verknüpft,
auch hier anwenden kann. Diese Formel entspricht
ganz der früher erwähnten:

$$A \cdot v \cdot d\,p = q\,\frac{d\,T}{T}$$

worin jetzt v die Volumzunahme bei der Verdampfung,
p die Maximaltension, q die latente Verdampfungswärme, welche der Umwandlung:
$Ca\,SO_4 \cdot 2\,HO = Ca\,SO_4 \cdot {}^1/_2\,H_2\,0 + 1{}^1/_2\,H_2\,0$ (dampf)
entspricht.

Unter Anwendung dieser thermodynamischen
Formel ist aus einzelnen Beobachtungen (bei 25^0 und
bei $101{,}45^0$) die ganze Kurve der Fig. 7 erhalten und die
weiteren Beobachtungen liegen als Beweis der Richtig-
keit der Beobachtungen in befriedigender Weise dort, wo
man sie erwarten würde, wie die eingetragenen Resul-
tate bei 84^0, etwas über 70^0 und so weiter zeigen.

Nun läſst sich aber noch eine weitere Beziehung
und zwar zwischen der Schmelzungs- und der Verdampfungserscheinung nachweisen. Zu diesem Zwecke
ist in der Figur 7, zum Teil wenigstens, die Maximal-

tension des reinen Wassers angegeben. Dieselbe ist
bedeutend höher bei gewöhnlicher Temperatur. Nun
tritt aber eine eigentümliche Erscheinung ein. Die
Kurve für die Maximaltension des Gipses steigt
steiler an als diejenige für die Maximaltension des
Wassers in Zusammenhang mit dem gröfseren Wert
der latenten Verdampfungswärme im ersten Fall.
Die Tensionen gegen 100^0 sind daher einander ziemlich nahe gerückt und schliefslich zeigt sich in Punkt C,
dafs sie einander schneiden. Das bedeutet also: unterhalb 107^0 (C) hat der vom Wasser abgegebene Wasserdampf die gröfsere Tension, aber oberhalb 107^0 hat
der vom Gips abgegebene Wasserdampf die gröfsere
Tension und so mufs oberhalb 107^0 der Gips, wenn
man im geschlossenen Gefäfse arbeitet, unter Bildung von flüssigem Wasser, zerfallen. Kurz, dieser
Punkt C, der sich aus der Tensionskurve fest-
stellen läfst, entspricht der Erscheinung bei 107^0,
welche sich oben im Dilatometer zeigte. Dieser Punkt
ist der technisch wichtige Punkt, denn der Gipskocher
oder -brenner macht gerade von dieser Umwandlung
Gebrauch, um seinen sogenannten gebrannten Gips
herzustellen, nur dafs er dabei das Wasser, weil er
unter Atmosphärendruck arbeitet, als Dampf erhält
und so auch von Kochen spricht. Dabei könnte er
also theoretisch mit etwa 107^0 auskommen, aber die,
die chemischen Verwandlungen charakterisierende Verzögerung nötigt ihn, weiter und zwar bis gegen 130^0 zu

gehen. Dann tritt die gewünschte Umwandlung, die bei 107° nur langsam vor sich geht, schnell ein, und der Gips verwandelt sich in gekochten oder gebrannten Gips. Derselbe ist ein Hydrat mit $\frac{1}{2}$ Molekül, also mit gegen 7% Wasser, und die Rückverwandlung, die man erst unterhalb 107° beobachten kann, wobei der Gips sein Wasser wieder in sich aufnimmt resp. erhärtet, ist offenbar dasjenige, was stattfindet, wenn man im gewöhnlichen Leben von gebranntem Gips Gebrauch macht. Fügen wir hinzu, dafs auch der Kesselstein, das oberhalb 107° gebildete Halbhydrat ist. Die Figur 7 läfst sich aber auch anwenden zur Bestimmung der Temperatur, bei welcher der Gips erstarren würde, falls man statt des Wassers eine Salzlösung mit dem gebrannten Gips in Berührung bringt. Der Gips wird das reine Wasser von dieser Salzlösung erst aufnehmen bei der Temperatur wobei eben die Maximaltension seines Wassers unter diejenige dieser Salzlösung gesunken ist. Daher würde in einer mit Chlornatrium gesättigten Lösung, deren Tension durch eine in der Figur bezeichnete Linie wiedergegeben wird, gekochter Gips erst unterhalb 75° zur Erstarrung kommen und oberhalb bleiben, wie er ist, während der Gips, mit Wasser gemischt, erst oberhalb 107° sich ungeändert zeigt.

Indem also die Temperatur 107° als Schmelzpunkt des Gipses betrachtet werden kann und in der Technik der Gipsbearbeitung beim sogenannten Kochen

von der dabei stattfindenden Verwandlung Gebrauch
gemacht wird, die allerdings durch Verzögerung erst

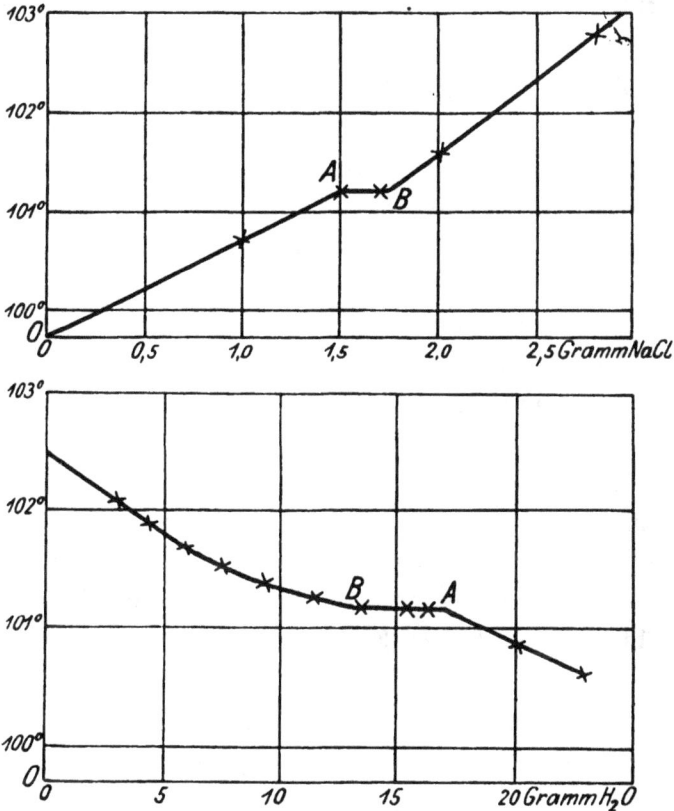

Fig. 8.

gegen 130° genügend schnell stattfindet, ist aus der
angegebenen Kurve auch der Siedepunkt des Gipses
zu entnehmen. Letzterer ist die Temperatur, wobei die
Maximaltension des Krystallwassers 760 m erreicht und

entspricht Punkt B der Kurve EC bei der Temperatur von $106\frac{1}{2}°$. Eben dieser Punkt liefs sich sehr genau ermitteln, mit Hilfe des bekannten, von Beckmann konstruierten Apparats zur Bestimmung von Siedepunkten. Zwanzig Gramm Wasser und zehn Gramm Gips wurden darin zum Sieden erhitzt und dann die Siedepunktssteigung beobachtet, welche gewogene Mengen eingetragenen Chlornatriums veranlassen. Diese Steigung war der zugesetzten Menge proportional, wie die Linie OA in der oberen Hälfte der Figur 8 angibt. Dann aber stellte sich, wie AB angibt, eine Siedekonstanz ein (bei $101°45$), weil hier die Tension der Salzlösung, offenbar dem Barometerdruck 758,8 mm. gleich, unter derjenigen des Krystallwassers in Gips gesunken ist und nunmehr letzteres unter Bildung von Halbhydrat entwässert wird. Ist dieser Prozefs vollzogen, dann steigt, rechts von B, der Siedepunkt wieder regelmäfsig an. Die Unterhälfte der Figur 8 gibt die umgekehrte Erscheinung bei nunmehrigem Zusatz von Wasser und zeigt im horizontalen Stück BA wiederum die gesuchte Temperatur $101°45$ an, wobei jetzt Halbhydrat sich in Gips verwandelt.

III. Das gegenseitige Verhalten von Eisen und Kohlenstoff, Schmiedeeisen, Stahl und Gufseisen.

Ich möchte schliefslich Ihre Aufmerksamkeit noch für ein drittes Thema erbitten. Es handelt sich dabei besonders um den Stahl. Ohne Sie zu lange

bemühen zu wollen, will ich hier noch etwas weiter
gehen, weil dem Stahle ein besonderer Fall entspricht und, allgemein genommen, die Frage auf das
gegenseitige Verhältnis von Eisen und Kohlenstoff,
von Fe und C, hinausläuft. Von dieser Seite besehen,
hat der Gegenstand einige Analogie mit dem Gips.
Beim Gips hat man es mit Calciumsulfat und Wasser
zu thun, die sich verbinden oder trennen können;
beim Stahl handelt es sich um Eisen und Kohlenstoff und auch hier ist dieselbe Möglichkeit von Verbindung und Trennung gegeben. Was aber nun die
Sachlage besonders interessant gestaltet, ist, daſs hier
als prinzipiell neu eine sogen. feste Lösung auftritt.

Im groſsen und ganzen hat man es bekanntlich
mit Schmiedeeisen, Stahl und Guſseisen zu thun. Die
neuen Untersuchungen, die sich besonders auf die
feinere Struktur der Eisenkohlenstoffmodifikationen ge-
richtet haben, haben indessen ergeben, daſs die Sache
doch etwas verwickelter liegt und als Formelemente in
erster Linie Kohlenstoff (als Graphit und Diamant), Eisen
in zwei Modifikationen (α- und β-Ferrit), dessen Verbindung mit Kohlenstoff (Fe_3C, Cementit), dessen feste
Lösung mit Kohlenstoff (Martensit) und schlieſslich der
sogen. Perlit zu berücksichtigen sind. Die Methode der
Untersuchung besteht wesentlich darin, daſs man die
polierte Fläche des betreffenden Kohlenstoffeisens mit
einer Lösung von Jod in Jodkalium oder Salzsäure in
Alkohol kurz ätzt, dann mit destilliertem Wasser resp.

Alkohol reinigt und die Oberfläche mikroskopisch
untersucht. Oder aber, statt Ätzung wird aufpoliert
mit einer Gummiplatte und Schmiergelpulver, wodurch die härteren Teile sich als etwas über die
Oberfläche hervorragend herausbilden und dann bei
schräger Beleuchtung sich mikroskopisch scharf aus-
prägen.[1]) Es zeigen sich dann ganz eigentümliche
Zeichnungen, die für die Struktur und das Wesen der
betreffenden Kohlenstoffeisenkomplexe bezeichnend
sind. Das Ergebnis derartiger Untersuchungen ist in
Fig. *a—d* (Taf. I) vorgeführt. Es handelt sich hier um
Abbildungen, die einem Vortrag von Ingenieur Heyn [2])
entlehnt sind. Ich füge hinzu, dafs Untersuchungen
in diesem Sinne von Martens, Osmond, Roberts-
Austen, Lechatelier u. a. in grofsem Mafsstabe aus-
geführt wurden. Die Fig. *a—d* auf Tafel I zeigen einerseits
den Einflufs eines verschiedenen Kohlenstoffgehaltes,
anderseits denjenigen einer verschieden schnellen Abkühlung. In Fig. *a* handelt es sich um einen Stahl.
Das betreffende Stück ist schnell abgekühlt, abgeschreckt,
nachdem es bei ziemlich hoher Temperatur erhitzt
war und zeigt nun eine homogene krystallinische
Struktur. Es liegt hier die Form vor, welcher zu
Ehren des Herrn Prof. Martens, der Name Martensit
beigelegt wurde. Wesentlich ist, dafs diese Homo-

---

[1]) **Martens und Heyn,** Mikrophotographie in auffallendem
Lichte, 1899.
[2]) **Stahl und Eisen,** 1899, No. 15, 16.

genität bestehen bleibt, auch wenn der Kohlenstoffgehalt in weiten Grenzen variiert, was das Vorliegen
einer bestimmten Verbindung von Eisen und Kohlenstoff ausschliefst. Und so entspricht dieser Martensit
oder gehärteter Stahl demjenigen, was in neuer Zeit
vielfach als feste Lösung bezeichnet wird.

Wenn man dagegen einen Stahl mit 0,8%
Kohlenstoff langsam abkühlen läfst, so zeigt uns ein
von der Probe umgebenes Thermometer, dafs bei einer
bestimmten Temperatur, und zwar bei 670°, etwas be-
sonderes vor sich geht. Bei dieser Temperatur wird
eine grofse Wärmemenge absorbiert, und das Thermometer bleibt stationär, dasselbe kann sogar nach Abkühlen unter 670° ansteigen, und dementsprechend hat
sich auch die innere Struktur verändert, wie die Figur *b*
(Taf. I) zeigt. Auf diese mit dem Namen Perlit bezeichnete, anfangs als einheitlich aufgefafste Form,
wollen wir noch später zurückkommen.

Nun kommt noch eine weitere Erscheinung hinzu,
falls man mit einem Gemisch zu thun hat, das
kohlenstoffreicher ist, also etwa 1,2 % Kohlenstoff
statt 0,8% enthält. Langsam abgekühlt, zeigt das
Thermometer zwei Haltepunkte, einen, der oberhalb
670° liegt, und dessen Lage von der Kohlenstoff-
menge abhängig ist, und dann kommt nachher wieder
der deutlich ausgeprägte Punkt bei 670°. Mikro-
skopische Untersuchung zeigt nun, wie Fig. *c*, (Taf. I)
dafs die feingestreifte Hauptmenge dem Perlit entspricht,

was die beobachteten Bildungstemperatur 670⁰ erklärt; aber zwischendurch ist in größeren Lamellen eine Menge eines andern Körpers zur Ausscheidung gekommen, welche den Namen Cementit erhalten hat und welche einer Eisenverbindung von bekannter Zusammensetzung (Fe_3C) entspricht. Dessen Auftreten veranlaßt offenbar den ersten Haltepunkt bei der thermometrischen Beobachtung. Die vierte Zeichnung, Fig. *d*, (Taf. I) endlich gibt an, was bei dem Vorhandensein einer geringeren Menge Kohlenstoff, nämlich von 0,44 statt 0,8 % erhalten wird. Hier ist langsam abgekühlt, das Thermometer hat wiederum zwei Haltepunkte gezeigt, einer oberhalb, der andere bei 670⁰. Perlit zeigt sich wiederum an den dunklen Stellen, umgeben von einem anderen Produkt, dem sogen. Ferrit, welches ziemlich reinem Eisen entspricht.

Das Ergebnis ist also, daß man bei genauer Beobachtung, je nach dem Kohlenstoffgehalte, zu drei Modifikationen kommt, Cementit, Ferrit und Perlit. Nimmt man einen noch höheren Kohlenstoffgehalt, so kommt noch der Kohlenstoff selber als Graphit oder Diamant hinzu, was die Sachlage wiederum komplizierter gestaltet.

Ich möchte nun in der Figur 9 vorführen, wie gerade in letzter Zeit an der Hand der neuen Auffassungen und Darstellungsweise auf physikalisch-chemischem Gebiete ein ziemlich klarer Einblick in die obigen und sich dabei anschließenden Ver-

wandlungen gewonnen worden ist.[1]) Dieses Ergebnis
bedarf aber in Einzelheiten noch der speciellen
Prüfung. Die Figur gibt denjenigen Teil der Beobachtungen, welche sich auf die Stahlbildung beziehen.
Es handelt sich um Eisen einerseits, um Kohlenstoff
anderseits und dazwischen um eine wechselnde Kohlen-
stoffmenge. Die vertikale Achse soll diese Menge-
verhältnisse zum Ausdrucke bringen, und der Ursprung
der Zeichnung C entspricht dem kohlenstofffreien
Eisen, dem Ferrit, der sich bei 850⁰ in eine zweite
Modifikation, sagen wir von α- in β-Ferrit verwandeln
kann; nach dem Symbol:

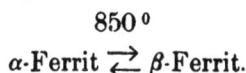

$$850^0$$
$$\alpha\text{-Ferrit} \rightleftarrows \beta\text{-Ferrit}.$$

Nach oben ist im wesentlichen nur ein Kohlenstoffgehalt bis zu 2% berücksichtigt, da oberhalb
dieser Grenze nicht mehr von Stahl die Rede ist.
In der Figur ist gerade dasjenige aufgeführt, was so-
eben in den Figuren a—d (Taf. I) in starker Vergröfserung dargestellt wurde, deren Clichés ich dem wohl-
wollenden Entgegenkommen des Hrn. Ingenieur Heyn
verdanke. Dem Eisen mit 0,8% Kohlenstoff entspricht
die durch die Pfeile ← angegebene Höhe. Festes Eisen

---

[1]) Eine Zusammenfassung auf Boden von der Theorie
der Lösungen, fester Lösungen und Phasenlehre, haben v. Jüptner
(Grundzüge der Siderologie, Felix, Leipzig, 1900) Bakhuis-Rooze-
boom (Zeitschr. f. physik. Chemie 34, 437) und ich selbst in den
Akten des Pariser Congresses (Guillaume et Poincaré, 1900, II.,
352) gegeben.

kann als β-Ferrit diesen 0,8 proz. Kohlenstoff völlig
homogen gemischt enthalten in Form einer Lösung also,
aber einer sogen. festen Lösung. Wird diese Eisen-
Kohlenstofflösung langsam abgekühlt, dann wird bei
670° eine in der Figur angegebene Grenze überschritten.
Da tritt bei langsamer Abkühlung unter Wärmeabsorp-
tion eine Verwandlung ein, die zur Bildung des Perlits
oder ungehärteten Stahls führt. Wird jedoch der be-

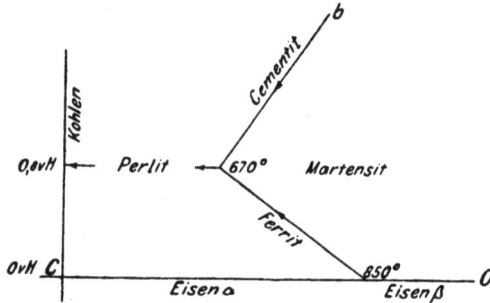

Fig. 9.

treffende Körper schnell abgekühlt, dann macht sich die
eigentümliche Verzögerung geltend. Man kann m. a.
W. beim Abschrecken diese Umwandlung umgehen und
das kohlenstoffhaltige β-Ferrit bleibt in Form von
fester Lösung als Martensit oder gehärteter Stahl. Hat
das Eisen etwas weniger Kohlenstoff, so beginnt die
Verwandlung beim Eintreffen auf der rechts ab-
laufenden Linie bei einer höheren Temperatur; wie die
Figur angibt besteht dieselbe in der Ausscheidung von
reinem Eisen als α-Ferrit (im Wesentlichen mit Schmiede-

eisen vergleichbar), was Kohlenstoff nicht oder wenig aufnimmt. Unter Ausscheidung von diesem α-Ferrit verfolgt man die betreffende Linie, der Kohlenstoffgehalt steigt, bis derselbe bei 670° 0,8% erreicht hat, und dann tritt wieder die Perlitbildung ein. Bei kohlenstoffreicheren Modifikationen stöſst man auf die Grenze, welche die Cementitbildung bedeutet. Unter Ausscheidung dieser Verbindung (Fe₃C) wird das Eisen an Kohlenstoff ärmer und kommt schlieſslich wieder auf 0,8%, wo dann die Verwandlung in Perlit stattfindet, und so zeigt dieses Diagramm, was man unter Perlit zu verstehen hat. Der Perlit ist eine Mischung von Cementit und Ferrit in konstantem Verhältnis, wie es auch die Fig. *b* (Taf. I) zeigt, welches sich bildet nach dem Symbol:

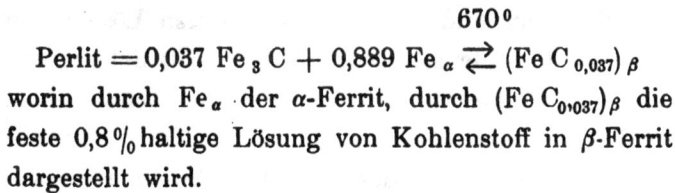

$$\text{Perlit} = 0,037\ \text{Fe}_3\text{C} + 0,889\ \text{Fe}_\alpha \underset{}{\overset{670°}{\rightleftarrows}} (\text{Fe C}_{0,037})_\beta$$

worin durch Fe_α der α-Ferrit, durch $(\text{Fe C}_{0,037})_\beta$ die feste 0,8% haltige Lösung von Kohlenstoff in β-Ferrit dargestellt wird.

Der Punkt, wo die beiden Cementit und α-Ferrit sich ausscheiden, entspricht dem sogen. kryohydratischen Punkt bei einer Salzlösung. Beim Abkühlen einer derartigen Lösung scheidet sich bei genügender Konzentration zunächst Salz ab, was bei der festen Lösung von Kohlenstoff in Eisen z. B. Ausscheidung von Cementit (Fe₃C) entsprechen würde. Derselbe ist allerdings eine Verbindung von Eisen, so daſs die Analogie eine gröfsere ist beim Vergleich mit der Lösung eines Salzes, das sich als Hydrat ausscheidet; das Salz ist dann dem Kohlenstoff, das Wasser dem Eisen, das Hydrat dem Cementit vergleichbar. Unter Abnahme der Salzkonzentration tritt, bei allmählich tieferer Temperatur, schliefslich neben Salz Eis auf und die ganze Flüssigkeit erstarrt bei einer konstanten Temderatur, die als kryohydratische bezeichnet wird und derjenigen der Perlitbildung vollkommen entspricht, nur dafs es sich hier um eine feste Lösung handelt.

Meine Herren! Ich weifs nicht, ob ich Sie noch mit weiteren Ausführungen bemühen darf. Gestatten Sie mir nur noch kurz darauf hinzuweisen, was bei höherem Kohlenstoffgehalt, bei der Bildung des Gufs-eisens stattfindet, welche Erscheinungen in Figur 10 mitberücksichtigt sind. Erhitzt man die feste Lösung von Eisen und Kohlenstoff weiter, dann tritt Schmelzung ein, und die Grenze des geschmolzenen Zustandes ist in der Figur durch eine Linie gegeben, die auf eine allmählich höhere Lage des Schmelzpunktes hinweist bei allmählicher Abnahme des Kohlenstoffgehalts, bis man schliefslich auf reines Eisen stöfst mit dem Schmelzpunkt von 1600^0. Durch Anwesenheit von Kohlenstoff wird dieser Schmelzpunkt herabgedrückt, wie ganz allgemein, bis die niedrigste Temperatur von 1130^0 bei einem Kohlenstoffgehalte von 4,3% erreicht ist. Da schliefst sich eine zweite Linie an, die schliefslich zum reinen Kohlenstoffe führt mit dem sehr hohen Schmelzpunkte des reinen

Kohlenstoffes, der bis jetzt noch nicht festgestellt
wurde. Derselbe wird aber durch die Anwesenheit von

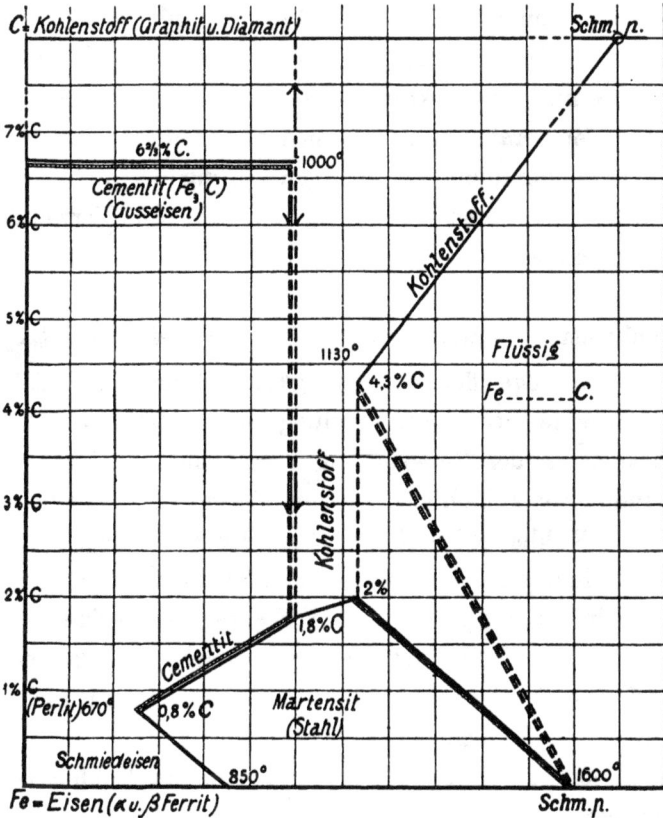

Fig. 10.

Eisen ebenso herabgedrückt, bis wir schliefslich wieder
zu dem Punkte kommen, wo sich aus dem geschmolzenen Eisen neben Kohlenstoff (Graphit oder bei hohem
Druck Diamant) ein eisenhaltiges Produkt ausscheidet

und so erreicht man auch von hieraus denselben Punkt
1130^0, wo sich nicht reines Eisen, sondern eine feste
Lösung von Kohlenstoff in Eisen, ein Martensit also,
von 2 % Kohlenstoffgehalt bildet. Hier liegt also eine
zweite mit einem kryohydratischen Punkt vergleich-
bare Temperatur, nur dafs sich neben dem einen Be-
standteil der nunmehr flüssigen Lösung der andere in
Form einer festen Lösung ausscheidet. Die Verwandlung entspricht dem Symbol:

$$1130^0$$
$$\text{Kohlenstoff} + \text{Martensit } (2 \text{ % C}) \rightleftarrows \text{Gufseisen } (4,3 \text{ % C})$$

Ich füge der Vollständigkeit halber hinzu, dafs
noch eine dritte Verwandlung sich zeigt. Dieselbe
besteht in der Verwandlung des Cementits, der Verbindung des Kohlenstoffs mit Eisen (Fe_3C), welche
$6\,^2/_3$ % Kohlenstoff enthält. Dieser Cementit zeigt wahr-
scheinlich bei 1000^0 eine Verwandlung unter Abspal-
tung in Graphit (Kohlenstoff) und anderseits in eine feste
Lösung von Kohlenstoff und Eisen, welche 1,8 % kohlen-
toff enthält. Beim Abkühlen eines Martensits mit mehr-
als 1,8 % Kohlenstoff scheidet sich also genau genommen, zunächst Graphit und eine an Kohlenstoff
ärmere feste Lösung aus; während unterhalb 1,8 %
Cementit, schliefslich Perlitbildung erfolgt, so dafs also
das vorgeführte Diagramm sämtliche Verwandlungen
zu überblicken gestattet.

Meine Herren! Ich habe damit mein kleines
Programm erledigt und schliefse mit der Hoffnung,

daſs wir nicht allzu weit voneinander und von der gemeinschaftlichen Berührungsgrenze entfernt sind, Sie in der Praxis, ich in der Theorie. Sollte das doch der Fall sein, so wäre es eine groſse Genugthuung für mich, wenn dieser Abend dazu führte, uns durch persönliche Besprechung und persönlichen Meinungsaustausch näher zu bringen.

(Lebhafter Beifall.)

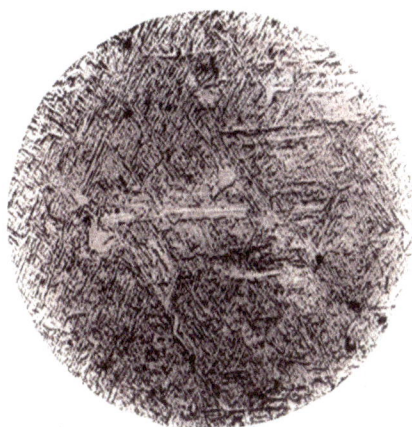

Fig. a.

Stahl mit 0,55 % C.
 0,75 » Mn.
 0,005 » Li.
 0,003 » P.
 0,058 » S.
Erhitzt auf 1100°, bei dieser Temperatur abgeschreckt (gehärtet)
in Wasser von 12° C. Geätzt mit einer Lösung von 1 cc. conc.
Salzsäure in 100 cc. absol. Alkohol, 10 Minuten lang.
Lineare Vergröfserung **365.**

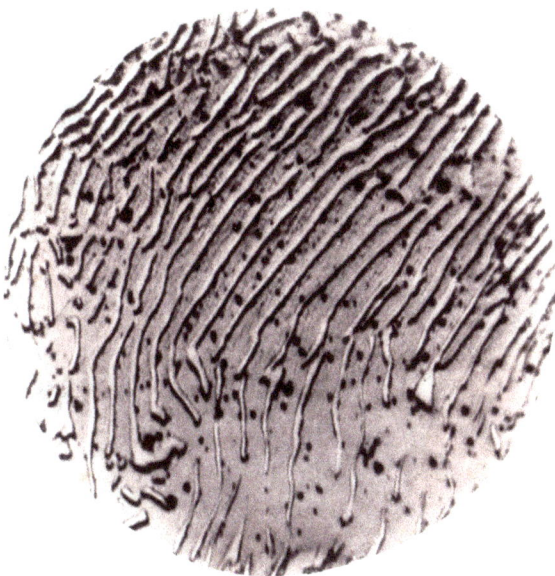

Fig. b.

Lineare Vergröfserung 1650.

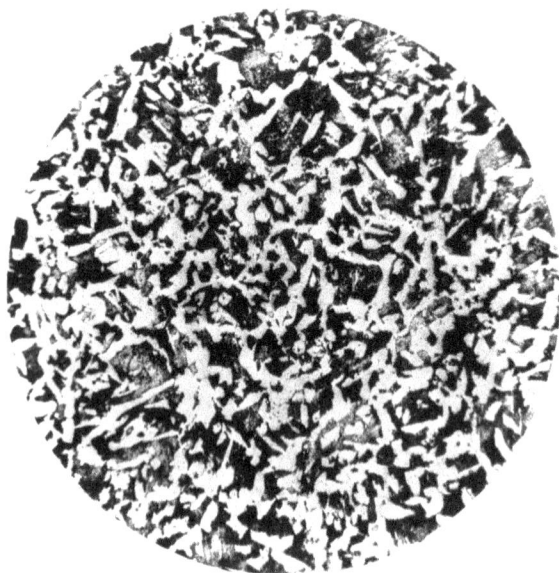

Fig. *d.*

Harter Schienenstahl:

C. = 0,44 %
Li. = 0,22 »
Mn. = 0,55 »
P. = 0,09 »
S. = 0,073 »

Gewalztes Rundeisen, Durchmesser 36 mm. Ätzpoliert. Dunkle Inseln: Perlit.
Helle Adern Ferrit. Bei der gewählten Vergröfserung sind die Details des
Perlits noch nicht erkennbar.
Lineare Vergröfserung 123.

Fig. *c.*

Lineare Vergröfserung 365.

www.ingramcontent.com/pod-product-compliance
Lightning Source LLC
Chambersburg PA
CBHW050645190326
41458CB00008B/2428